BEI GRIN MACHT SICH IHR WISSEN BEZAHLT

- Wir veröffentlichen Ihre Hausarbeit, Bachelor- und Masterarbeit

- Ihr eigenes eBook und Buch - weltweit in allen wichtigen Shops

- Verdienen Sie an jedem Verkauf

Jetzt bei www.GRIN.com hochladen und kostenlos publizieren

Bibliografische Information der Deutschen Nationalbibliothek:

Die Deutsche Bibliothek verzeichnet diese Publikation in der Deutschen National-
bibliografie; detaillierte bibliografische Daten sind im Internet über http://dnb.d-
nb.de/ abrufbar.

Impressum:

Copyright © 2017 GRIN Verlag
Druck und Bindung: Books on Demand GmbH, Norderstedt Germany
ISBN: 9783668718111

Dieses Buch bei GRIN:

https://www.grin.com/document/427367

Vanessa Seger

Zivilgesellschaft. Ein Garant für Entwicklung?

Die umstrittene Bedeutung des Zivilgesellschaftskonzeptes im Kontext der Entwicklungszusammenarbeit in Ostafrika

GRIN Verlag

Zivilgesellschaft – ein Garant für Entwicklung?
Die umstrittene Bedeutung des Zivilgesellschaftskonzeptes im Kontext der Entwicklungszusammenarbeit in Ostafrika.

GEO 386 Bachelorarbeit

Eingereicht durch
Vanessa Seger

19. Mai 2017
Humangeographie
Geographisches Institut, Universität Zürich

Zusammenfassung

Das Ziel dieser Bachelorarbeit ist es die Problematiken herauszuarbeiten, die sich bei der Übertragung des Zivilgesellschaftskonzeptes nach Ostafrika ergeben. Die Zivilgesellschaft, als zwingende Massnahme für eine erfolgreiche und nachhaltige Entwicklung, wurde insbesondere seit den neunziger Jahren von internationalen Gebern im Zusammenhang mit der Entwicklungszusammenarbeit stark gefördert. Besonders im Westen ist mit der Zivilgesellschaft eine öffentliche Sphäre, in der sich die Bürgerinnen und Bürger freiwillig für einen gemeinschaftlichen Zweck formieren können, gemeint und diese steht dabei in einer gleichwertigen Beziehung zum Staat und dem Markt. Dieses Verständnis hat sich aus den vorherrschenden historischen und kulturellen Umständen etabliert und die Anwendung des Konzeptes in nicht-westliche Kontexte ist deshalb mit vielen aufkommenden Problemen verbunden. Bei den Förderungsprogrammen der Geber werden oftmals die gegebenen sozialen, politischen und geschichtlichen Umstände in Ostafrika nicht ausreichend berücksichtigt und eine erfolgreiche Entwicklung in Richtung *Good Governance* wird dabei vereitelt. Konkret zeichnen sich vermehrt Schwierigkeiten in der scheiternden Entwicklungsförderung ab, da sich das sehr normative und wertende Zivilgesellschaftskonzept als zu eng erweist. Die gesellschaftlichen Formen Ostafrikas werden nicht ausreichend für eine effektive Entwicklung miteinbezogen. Die hauptsächliche Erkenntnis dieser Arbeit liegt darin, dass die einzige Möglichkeit einer erfolgreichen Zivilgesellschaftsförderung nur bestehen kann, wenn die lokalen Konstellationen Ostafrikas in die Definition von Zivilgesellschaft miteingebaut und anschliessenden in den Verstärkungsprogrammen von Zivilgesellschaft umgesetzt werden. Die gegenwärtige Situation zeigt auch, dass trotz besagter Einsicht noch keine erkennbare Verbesserung stattgefunden hat.

Inhalt

1   Einleitung.. 4

2   Die westliche Zivilgesellschaft 6

    2.1   Ideen eines westlichen Zivilgesellschaftskonzeptes.. 6

    2.2   Geschichtliche Entwicklung der westlichen Zivilgesellschaftskonzepte 9

3   Zivilgesellschaft im Kontext der Entwicklungszusammenarbeit 12

    3.1   Bedeutungen der Zivilgesellschaft in der Entwicklungszusammenarbeit............................ 12

    3.2   Problematik einer unkritischen Übertragung des Zivilgesellschafskonzeptes in nicht-westliche Kontexte 13

    3.3   Fallstudie: Zivilgesellschaftskonzept in Ostafrika 16

4   Diskussion... 27

5   Schlussfolgerung.. 30

6   Literaturverzeichnis.. 33

1 Einleitung

Zivilgesellschaft hat sich seit Beginn des 21. Jahrhundert als ein kennzeichnendes Konzept in der Entwicklungspolitik und Praxis etabliert. Vor allem internationale Geber, wie Nichtregierungsorganisationen, multilaterale Institutionen, Zusammenschlüsse, Stiftungen sowie auch Regierungen, fördern zivilgesellschaftliche Gruppen und Organisationen im Rahmen der Entwicklungszusammenarbeit in hohem Masse. Viele dieser Geber sind der Meinung, dass eine Zivilgesellschaft notwendig ist, um den Menschen intellektuellen Raum zu bieten, indem sie in verschiedenen Gruppen eine Lebensstruktur aufbauen können, in der sie leben möchten (Howell & Pearce 2002: 1-2). Dieser Enthusiasmus der Förderung der Zivilgesellschaft muss allerdings in einem historischen und politischen Kontext gesehen werden (Howell & Pearce 2002: 3). Zahlreiche kritische Stimmen betonen nämlich, dass das westlich geprägte Zivilgesellschaftskonzept nicht einfach unbedacht in nicht-westliche Kontexte übertragen werden kann. Deshalb wird in dieser Arbeit folgende Frage geklärt:

Welche Problematiken ergeben sich bei der Übertragung des Zivilgesellschaftskonzeptes im Kontext der Entwicklungszusammenarbeit in Ostafrika?

Das Ziel dieser Arbeit ist es, den Blickwinkel auf die Förderung der Zivilgesellschaft, im Kontext der Entwicklungszusammenarbeit, zu schärfen. Dabei soll erkannt werden, dass eine unkritische Übertragung von Konzepten mit westlichem Ursprung, sehr oft zu Problemen in den jeweiligen Förderungsgebieten führen kann und somit auch nicht die gewünschte Wirkung erzielt wird. Vielmehr sollte ein Verständnis, das die lokalen Bedingungen ausreichend berücksichtigt, erarbeitet werden. Zur Erreichung dieses Zieles und zur Unterstützung der Forschungsfrage werden folgende Fragen berücksichtigt:

- Was ist Zivilgesellschaft?
- Welche geschichtlichen Ursprünge hat das Zivilgesellschaftskonzept?
- Was für eine Bedeutung hat die Zivilgesellschaft im Kontext der Entwicklungszusammenarbeit – mit Fokus auf Ostafrika?
- Welche Probleme ergeben sich bei der Übertragung des Konzeptes nach Ostafrika?
- Mit welchen Lösungsansätzen könnte gegen diese Problematik vorgegangen werden?

Im zweiten Kapitel wird mit einer Klärung der generellen Bedeutung von Zivilgesellschaft im westlichen Sinne begonnen. Nach der historischen Recherche des Konzeptursprungs wird klar, dass das Zivilgesellschaftskonzept weder simpel noch einheitlich ist. Dennoch werden zivilgesellschaftliche Formen im westlichen Stil in der Entwicklungszusammenarbeit stark gefördert. Warum dies so ist und welche Probleme sich daraus ergeben, wird ebenfalls ergründet und ist Gegenstand des dritten Kapitels. In einem grösseren Unterkapitel wird anhand einer Fallstudie die effektive Problematik der Zivilgesellschaftsförderung in der Entwicklungszusammenarbeit veranschaulicht. Der Fokus liegt hierbei auf Ostafrika, genauer auf den Ländern Tansania, Uganda und Kenia, um den Einfluss des geförderten Konzeptes genauer zu ermitteln. Schlussendlich soll analysiert werden, weshalb diese Förderung so umstritten ist und welche konkreten Probleme sich daraus ergeben. Abgeschlossen wird das dritte Kapitel mit einer Übersicht von Lösungsansätzen, mit welchen den aufkommenden Schwierigkeiten entgegengewirkt werden könnten. Das vierte Kapitel wird der Diskussion gewidmet, in der die beiden vorherigen Kapitel verbunden werden und klar wird, dass viele dieser Probleme ihren Ursprung bereits im Konzept haben. Die gewonnene Erkenntnis zeigt, dass die Rücksicht auf die historischen und kulturellen Kontexte gerade in der Praxis enorm wichtig ist. Ausserdem veranschaulicht sie die Synthese der einerseits westlich geprägten Zivilgesellschaft mit ihren eigenen geschichtlichen Wurzeln und deren Förderung in Entwicklungsprogrammen in gänzlich anderer Umgebung. In der Schlussfolgerung wird die Frage beantwortet, welche Problematiken sich bei der Übertragung des Zivilgesellschaftskonzeptes im Kontext der Entwicklungszusammenarbeit in Ostafrika ergeben. Darüber hinaus werde ich nach meinen persönlichen Ansätzen eine kritische Würdigung vornehmen und die für mich evidentesten Lösungsansätze hervorheben, wie mit dieser Problematik umgegangen werden könnte.

2 Die westliche Zivilgesellschaft

2.1 Ideen eines westlichen Zivilgesellschaftskonzeptes

In den neunziger Jahren genoss der Begriff der Zivilgesellschaft in wissenschaftlichen, intellektuellen und politischen Kreisen, wie auch in den Massenmedien grosse Popularität. Obwohl bis heute grosse Unklarheit darüber herrscht, was mit Zivilgesellschaft genau gemeint ist. Die relative Vagheit und Unbestimmtheit des Konzeptes wird gar als eines der Kernprobleme in der Zivilgesellschaftsdebatte gewertet (Arenhövel 2000: 55). Howell und Pearce (2002: 6) betonen, dass es keine alleingültige natürliche Konzeption von Zivilgesellschaft gibt. Dennoch haben einige Autorinnen und Autoren bereits versucht, den Begriff zu definieren. Der ehemalige Professor für Völkerrecht und Internationale Beziehungen an der Universität Graz, Konrad Ginther nimmt bei seiner Definition Bezug auf den amerikanischen Sozio- und Politologen Larry Diamond:

> „Gemäß der heute gängigen Definition von "Zivilgesellschaft", wie sie auch von Larry Diamond verwendet wird, sind unter diesem Begriff die Institutionen und Erscheinungen des organisierten gesellschaftlichen Lebens zu verstehen, die auf Freiwilligkeit basieren, sich selbst ergänzen, weitgehend sich selbst erhalten, autonom vom Staat agieren und nicht nur an … die allgemein geteilten Werthaltungen der Gesellschaft gebunden sind (…). Larry Diamond unterscheidet Zivilgesellschaftsinstitutionen von anderen sozialen Gruppen dahingehend, dass Zivilgesellschaft eher "öffentliche als private Zwecke" verfolgt und in einer besonderen Relation zum Staat steht (…)." (Ginther 1997: 160-161).

Nach dieser Definition bezieht sich die Zivilgesellschaft auf eine Arena, welche durch zwangloses, kollektives Handeln mit geteilten Zwecken, Interessen und Werten gekennzeichnet ist. Theoretisch sind diese zivilgesellschaftlichen Formen vom Staat und dem Markt zu trennen (Neubert 2010: 212). Grundsätzlich ist es wichtig die Zivilgesellschaft vom gängigen Begriff der Gesellschaft zu unterscheiden. Unter dem Begriff Gesellschaft wird sämtliches Handeln, welches sich innerhalb der Nationalstaaten abspielt, wie zum Beispiel Familienangelegenheiten, verstanden. Unter Zivilgesellschaft sind hingegen auf Freiwilligkeit basierende öffentliche Vereinigungen zu verstehen (Adloff 2005: 9). In diesen öffentlichen, jedoch auch staatsfreien Räumen, können in Form von Assoziationen und Organisationen gesellschaftliche Problemlagen aufgenommen und verarbeitet werden und an eine politische Öffentlichkeit zurückgegeben werden (Arenhövel 2000: 56). Somit bildet die Zivilgesellschaft soziale Bewegungen die Identitäten und Strukturen transformieren können. Eine zusätzliche, wichtige Erkenntnis aus diesen Definitionen ergibt sich daraus, dass die Zivilgesellschaft als eine

Gruppenformation ausschliesslich ausserhalb des Staates und des Marktes zu sehen ist. Diese Idee der Zivilgesellschaft als eine erstrebenswerte Alternative zum Staat und dem individualistischen Kapitalismus hat sich vor allem seit der Aufklärung etabliert (Lewis 2002: 570-572). In der westlichen Zivilgesellschaft wird sogar von einem natürlichen Gegenspieler zu privatisierten Märkten und liberalisierten Demokratien ausgegangen. Somit wird ein wichtiges Charakteristikum des Verständnisses für die Zivilgesellschaft im westlichen Sinne anerkannt. Die Zivilgesellschaft bildet infolgedessen einen Teil der Dreiecksbeziehung zwischen dem Staat, dem Markt und der soeben erläuterten Zivilgesellschaft (Howell & Pearce 2002: 4ff.). Gerade dieses starre dreiseitige Sphärenmodell erweist sich bei der Übertragung in nicht-westliche Kontexte als problematisch.

Zur Bedeutung, wie die Zivilgesellschaft in Relation zum Markt und dem Staat steht, konnten sich zwei konkurrierende normative Visionen abzeichnen. Die erste Vision der beiden ist als sogenannter *Mainstream* Ansatz bekannt. Von diesem wird später oft ausgegangen, wenn man von einer westlichen Zivilgesellschaft spricht. Dieser Ansatz ist sehr vom industriellen Westen geprägt. Die Zivilgesellschaft hat sich dabei vorwiegend aus der Emanzipation der Individuen von tyrannischen Regimen, Familienbunden und Ritualen entwickelt. Die wichtigsten Grundsätze bilden dabei die einzelnen Bürgerinnen und Bürger, welche frei und autonom sind, sich aber aus ihrem Selbstinteresse für ein gemeinsames Wohl einsetzen. Dabei entstehen neue Formen der Solidarität (Howell & Pearce 2002: 18-31). Der Ansatz wurde im Kontext des ideologischen Neoliberalismus weiter stark geprägt. Dabei wurde die Effizienz des Marktes zelebriert und der Staat als Akteur von ökonomischer Entwicklung verspottet. So wurde zum Beispiel die Zivilgesellschaft in Form von Nichtregierungsorganisationen (NGO) als neuer alternativer Lieferant von Sozialleistungen und Wohlfahrt gesehen. Sie bildete eine neue Art von Moral, Werte wie Freiheit und Autonomie wurden gefeiert. Die Zivilgesellschaft bildete wie der Markt eine Arena der Selbstregulierung (Howell & Pearce 2002: 65, 90-91). Die Zivilgesellschaft hat dabei allerdings die Rolle einer ausgleichenden, nicht ganz unsichtbaren Hand. Grundsätzlich bildet die Zivilgesellschaft in der *Mainstream* Ansicht eine Sphäre von aktiven Bürgerinnen und Bürgern, die die Verantwortlichkeit und die Transparenz des Staates überprüfen und gemeinsam mit der privaten Ökonomie nach Lösungen für soziale Probleme suchen (Howell & Pearce 2002: 230).

Der zweite Ansatz, welcher vor allem aus der Kritik des jeweils anderen Ansatzes entstanden ist, wird als der *Alternative* Ansatz bezeichnet. Dieser Ansatz steht der harmonischen Beziehung der drei Sphären, Staat, Markt und Zivilgesellschaft, misstrauisch gegenüber. Er sieht in dieser Darstellung die Zivilgesellschaft als ein Konstrukt von Ungleichheiten und Ausbeutung aufgrund des vorherrschenden kapitalistischen Marktes. Die Gefahr von individueller Gier sei dabei viel zu gross und die einzelnen Zivilistinnen und Zivilisten würden ihre Rechte nicht mehr für ein gemeinsames Wohl einsetzen. Dabei sollen genau die Werte der gegenseitigen Unterstützung und Solidarität eine Basis gegen die Schwierigkeiten kapitalistischer Entwicklungen und aufkommender Individualität formieren. Der *Alternative* Ansatz sieht die Zivilgesellschaft vielmehr als einen politischen und intellektuellen Raum, indem alternative Formen für die Ökonomie und soziale Gerechtigkeit ermittelt werden. Denn die Zivilgesellschaft ist nicht da für eine reine Nutzenmaximierung abstrakter Individuen, sondern für die Erkennung der Ziele kollektiver Identitäten (Howell & Pearce 2002: 33-37, 230).

Trotz vieler Unklarheiten und unterschiedlicher Auffassungen des Konzepts der Zivilgesellschaft, gilt die Autonomie des Individuums und eine vor dem Staat geschützte gesellschaftliche Sphäre als deren zentrale Funktionen (Arenhövel 2000: 62). Auch Adloff Frank, Professor für Soziologie an der Universität Hamburg beschreibt den Begriff Zivilgesellschaft mit ihren Funktionen wie folgt:

> „Gilt er den einen als ein radikales Reformkonzept, das demokratische Selbstregierung stärken und sowohl Übergriffe des Staates als auch der Marktwirtschaft bändigen soll, verbinden andere mit ihm die Vorstellung, dass die Bürger sich nicht länger auf den Sozialstaat verlassen, sondern die Dinge eigenverantwortlich selbst regeln sollten. In jedem Fall möchten diejenigen, die den Begriff der Zivilgesellschaft für politische Zwecke nutzen, damit eine „gute" Form der gesellschaftlichen Organisation bezeichnen, die von einer „schlechten" abgegrenzt werden soll." (Adloff 2005: 7).

Er spricht auch an, dass neben den ebenfalls zur Zivilgesellschaft zählenden Verhaltensstandards wie Toleranz, Gemeinsinn und Verständigung, das Konzept auch ein utopisches Moment enthält, nämlich das selbstregierende demokratische Zusammenleben. Der Begriff umfasst für ihn also Dreierlei: zivile Umgangsformen, einen gesellschaftlichen Bereich von Institutionen und ein utopisches Projekt (Adloff 2005: 8-9). Die beiden Professorinnen für Entwicklungsfragen Jude Howell und Jenny Pearce (2002: 4, 80-82) sehen in der Zivilgesellschaft vor allem ein politisches Instrument. Dabei fügt sich die Zivilgesellschaft in die Rolle eines kritischen Auges, die den Staat und den Markt überprüft. In Bezug auf die Entwicklungszusammenarbeit dient das Zivilgesellschaftskonzept als Hauptzutat zur Förderung von *Good Governance* (zu deutsch: verantwortungsvolle Regierungsführung). Dabei setzen Geber, in Form von Regierungen, NGOs und weiteren institutionellen Organisationen, gezielt Regierungsangelegenheiten auf die Entwicklungsagenda, um neben der Wahrung von Menschenrechten, Demokratie zu fördern. Somit gilt das Zivilgesellschaftskonzept als die Kraft schlechthin, die das Antistaatliche, die Freiheit und Demokratie symbolisiert. Prinzipiell besitzt das Konzept eine politische Finalität (Ginther 1997: 161). Die effektive Nützlichkeit des Konzeptes kann in zwei Aspekte geteilt werden, in ein analytisches Konstrukt, wie auch in ein politisches Werkzeug von real existierenden Organisationen. Die analytische Anwendung der Zivilgesellschaft von sozialpolitischen Prozessen wird weitgehend als nutzbringend angesehen, wobei die durchgreifende politische Intervention von zivilgesellschaftlichen Akteurinnen und Akteuren zur Entwicklungsförderung stark umstritten ist (Lewis 2002: 569).

2.2 Geschichtliche Entwicklung der westlichen Zivilgesellschaftskonzepte

Bevor die Zivilgesellschaft im Kontext der Entwicklungszusammenarbeit angeschaut werden kann, ist eine Ergründung des eigenen geschichtlichen Kontextes wichtig. Die heute fast selbstverständlich wirkenden Grundsätze des Westens wie Freiheit, Demokratie und deren Zusammenhang mit dem Zivilgesellschaftskonzept, beruhen auf mehreren historischen Ereignissen. Selbst die zwei konkurrierenden Ansätze berufen sich auf zwei unterschiedliche Wurzeln und das gängige Dreiecksmodell unserer gesellschaftlichen, politischen und ökonomischen Ordnung galt erst mit der Zeit als gegeben.

Der *Mainstream* Ansatz datiert seine Wurzeln bereits im antiken Griechenland, wobei damals schon über die Rolle des Staates, der Individuen und der Gesellschaft diskutiert wurde (Howell & Pearce 2002: 17). Aristoteles bezeichnete das Phänomen einer herrschaftsfreien Assoziation von Gleichgesinnten als *koinonía politikè* (Arenhövel 2000: 58). Damit war eine Gemeinschaft von männlichen, freien Bürgern gemeint, welche sich zum Zwecke des Guten, also eines tugendhaften Lebens zusammenschlossen. Diese Bürger[1] mussten jeweils genügend Eigentum und Handlungsfreiraum besitzen, um sich um die politischen und öffentlichen Angelegenheiten kümmern zu können. Der Begriff der Zivilgesellschaft hat seit mehr als 2000 Jahren nie seine inhaltliche Bedeutung verloren, dass die Bürgerschaft grundsätzlich über Selbstbestimmung verfügt (Adloff 2005: 17-18). Im 17. Jahrhundert kamen erste Ambitionen politischer Gleichheit und Freiheit auf. Die Loslösung der einzelnen Subjekte aus den Verwandtschafts- und Familienbunden wandelte die Natur der Zivilgesellschaft, zu einer auf Freiwilligkeit und Individualismus basierenden (Howell & Pearce 2002: 18-19). Das moderne Individuum trat langsam bei John Locke (1632-1704) in Erscheinung, um seinen privaten Raum zu schützen und dem Staat seine Grenzen aufzuzeigen (Adloff 2005: 22). Dabei wur-

---

[1] Hier wird nur von männlichen Bürgern gesprochen, da zu dieser Zeit die Frauen nicht als Bürger galten. Sofern in dieser Arbeit weitere nur männliche Formen vorzufinden sind, hat dies mit dem geschichtlichen Kontext zu tun, da es sich effektiv nur um männliche Subjekte handelte, respektive nur diese eingeschlossen wurden.

den die Idee einer unabhängigen gesellschaftlichen Sphäre und der Kontrolle über den Staat ausgeführt (Arenhövel 2000: 62). Doch eine strikte Separierung der Zivilgesellschaft vom Staat erfolgte erst zur modernen Wende im 18. Jahrhundert im Zuge der Aufklärung. Mit G. W. F. Hegel (1770-1831) löste sich schlussendlich diese Identitätsformel von Staat und Zivilgesellschaft auf. Die Gesellschaft bildete für ihn Wirtschaftsbürger, die den eigenen Interessen willkürlich nachgingen (Adloff 2005: 23-32). Der Ursprung des liberalen Konzeptes lag bei Alexis de Tocqueville (1805-1859), der die Autonomie der Bürger und ihre Kompetenzen zur Selbstorganisation hervorhob (Neubert 2010: 213). Er sah als Erster die Zivilgesellschaft in gleichwertiger Relation zum Staat und dem Markt. Diese Beziehung beruht auf Kooperation und Vertrauen (Lewis 2002: 571).

Der *Alternative* Ansatz führt die Wurzeln des Zivilgesellschaftskonzeptes weg von den liberalen Vorstellungen des 18. Jahrhunderts. Im mittelalterlichen Europa kam die Idee der Brüderlichkeit auf, denn damals wurden Freundschaften und Loyalität wertvoller angesehen als das Individuum. Die Verwandtschaftsbunde werden auch heute nicht als primitiv angesehen, sondern dienen als Quelle der Solidarität (Howell & Pearce 2002: 31-32). Von Antonio Gramsci (1891-1937) wurde die Zivilgesellschaft als Raum gesellschaftlicher Konflikte verstanden und die Idee der Zivilgesellschaft als Akteur für radikale Kritik und Wandel wurde ermöglicht (Neubert 2010: 213).

Adloff (2005: 83) sieht bei beiden Konzepten die Zivilgesellschaft als einen öffentlichen Raum, der eine Vergesellschaftung von Bürgerinnen und Bürgern ermöglicht. Die heutige Dreieinigkeit zwischen dem Markt, dem Staat und der Zivilgesellschaft hatte sich erst historisch entwickelt. Zu Zeiten der Aufklärung wurde die Zivilgesellschaft noch nicht von der Wirtschaft getrennt und es herrschte eine zweiseitige Beziehung zwischen dem Staat und der Gesellschaft. Erst durch die Kritik Gramscis und den aufkommenden negativen Auswirkungen des Marktes im neoliberalistischen Zeitalter wandelte sich das zweiteilige Modell zu einem dreiteiligen (Howell & Pearce 2002: 76).

Das ursprüngliche Konzept einer Zivilgesellschaft geriet nach und nach in Vergessenheit, um danach in den achtziger Jahren wiederentdeckt zu werden. Es bot sich eine neue zeitgenössische Relevanz, die sich vor allem im Osten Europas ausbreitete. Die Leitvorstellung, welche sich gegen eine Totalplanung durch die autoritären Staatsmächte wandte, wurde dabei avanciert. Auf diesem Weg kehrte das Konzept zurück in den Westen (Lewis 2002: 573/ Arenhövel 2000: 55). Mit der ökonomischen Stagnierung der sozialistischen Staaten und deren Zerfall, wurde der Weg für den aufkommenden Neoliberalismus geebnet. Nach dem Ende des

Kalten Krieges wurden der Kapitalismus und die liberale Demokratie als triumphierender Sieger gefeiert und als normatives Ideal gerechtfertigt. Dies führte zu einer Allgegenwärtigkeit des liberalen Zivilgesellschaftskonzeptes, die Demokratie galt als die einzig erstrebenswerte Form der politischen Organisation (Howell & Pearce 2002: 4, 65). Im östlichen Europa wurde die Zivilgesellschaft als Waffe zur Überwindung totalitärer Regimes benötigt, wobei im Westen das Konzept genutzt wurde, um die Demokratien weiter zu demokratisieren (Adloff 2005: 12). Das Konzept kam zu einem nächsten Wendepunkt. Durch die sozial negativen Auswirkungen der reinen Marktwirtschaft, wurde in den 90ern die Zivilgesellschaft um einen Aspekt erweitert. Das sogenannte soziale Kapital, als Folge der zivilgesellschaftlichen Aktivitäten, gilt als eine Grundvoraussetzung für eine liberale stabile Demokratie. Die Entwicklungsagenden internationaler Geber entwickelten sich zu einer progressiven Zivilgesellschaftsförderung in den Entwicklungsländern mit dem Ziel das soziale Kapital zu heben und um schlussendlich *Good Governance* zu begünstigen (Howell & Pearce 2002: 25, 31, 66/ Fukuyama 2001: 7).

3 Zivilgesellschaft im Kontext der Entwicklungszusammenarbeit

3.1 Bedeutungen der Zivilgesellschaft in der Entwicklungszusammenarbeit

Der Fokus in den internationalen Entwicklungsdiskursen gilt von den neunziger Jahren an der Förderung von Demokratie, *Good Governance*, sozialem Kapital und damit verbunden; der Zivilgesellschaft. Diese Begriffe haben alle ihren Ursprung im Westen und beruhen auf spezifischen historischen Kontexten. Die Interessen der Zivilgesellschaft sind klar von den dominierenden neoliberalen Ideologien geprägt. Dank der weit verbreiteten Annahme einer universellen Gültigkeit dieser Konzepte, konnte die Zivilgesellschaftsförderung seit den neunziger Jahren in der Entwicklungszusammenarbeit sehr populär werden (Mercer 2002: 5/ Lewis 2002: 571). Mit besagten Entwicklungsprogrammen wird vor allem versucht in Entwicklungsländern eine demokratische Regierung aufzubauen und zu erhalten. Oft wird davon ausgegangen, dass Demokratie Entwicklung wie auch ökonomisches Wachstum bringt. In Bezug auf die ärmeren Länder wird argumentiert, dass ihre Entwicklung fehlschlagen wird, wegen der vorherrschenden korrupten und ineffizienten Regierungen. Deshalb befasst sich die Entwicklungszusammenarbeit mit Demokratisierungsmassnahmen und der damit verbundenen Zivilgesellschaftsförderung (Howell & Pearce 2002: 40). Für viele Geber gilt die Zivilgesellschaft als Instrument, welches zu mehr Transparenz und Verlässlichkeit eines Staates führen kann. Daraus schliessen sie, dass eine aktive Zivilgesellschaft für eine lebendige Demokratie nötig ist oder gar eine zwingende Massnahme darstellt (Kasfir 2008: 1/ Allen 1997: 336). Die liberale Maxime werde ermöglicht durch die erhöhte Anzahl von zivilen Akteurinnen und Akteuren mit verschiedenen Interessensansprüchen, die eine Stimme und mehr Möglichkeiten haben, den Staat besser zu überwachen. Zusätzlich gerät der Staat unter Druck, indem die Zivilgesellschaft den Bürgerinnen und Bürgern ein grösseres Netzwerk bietet, wie auch ein verbessertes Potenzial einer Allianzformung (Mercer 2002: 7ff.). Die wesentlichen Aufgaben der Zivilgesellschaft bei der Entwicklung von Demokratie sind; die Privatsphäre vor staatlichen Übergriffen zu schützen, Räume für eine demokratische Partizipation zu schaffen und gemeinschaftliche Werte auszubilden (Mewaldt 2010: 236). Das Wachsen der Zivilgesellschaft kann neben der Wahrung und Etablierung von Demokratie ausserdem weitere politische Rollen einnehmen, indem es auch bestehende autonome Regierungen schwächt (White 1994: 382). Damit die Zivilgesellschaft in den Entwicklungsländern diese politischen Funktionen wahrnehmen kann, gehen einige von einem unumgänglichen Mentalitätswandel und einer

Sozialisation demokratischer Normen aus. Die Zivilgesellschaft müsste sozusagen zuerst „zivil gemacht" werden. Dies aufgrund der weitgehenden Annahme vieler Geber, dass die Zivilgesellschaft in ärmeren Ländern unorganisiert und schwach sei. Die vorherrschenden, traditionellen Normen würden bis anhin einer starken und lebendigen Zivilgesellschaft im westlichen Sinne im Wege stehen (Mercer 2002: 11). Die Politikwissenschaftler David Blaney und Mustapha Pasha (1993: 5) bewerten diese exzessive Zivilgesellschaftsförderung jedoch als einen heuristischen Vorschlag. Sie warnen vor der Tendenz die Zivilgesellschaft als zu statisch und transhistorisch zu sehen und sie damit in jegliche andere Kontexte unüberlegt zu übertragen. Diese Argumentation wird im folgenden Unterkapitel genauer beleuchtet und im Fallbeispiel spezifisch diskutiert.

3.2 Problematik einer unkritischen Übertragung des Zivilgesellschafskonzeptes in nicht-westliche Kontexte

Nicht selten wird die Zivilgesellschaftsförderung der internationalen Geber in ihrer Entwicklungszusammenarbeit um *Good Governance* zu betreiben, als ein plumper und naiver Export eines westlichen Konzeptes in nicht-westliche Umgebungen, dargestellt (Lewis 2002: 569). Dennoch gilt die Politik der Zivilgesellschaft als ein breit genutztes, normatives Leitprinzip in der Entwicklungszusammenarbeit. Da dieser Ansatz aber keineswegs neutral und wertfrei ist, kann und sollte dieses Konzept nicht einfach in den „globalen Süden" exportiert werden. Dort bietet das Umfeld andere komplexe politische Probleme (Howell & Pearce 2002: 2, 56). Diese universelle Annahme der Zivilgesellschaft und der limitierte Blickwinkel durch eine westliche Linse, ignoriert die Wichtigkeit eines historischen Erbes (Lewis 2002: 578). Laut Howell und Pearce (2002: 111) ist das Zivilgesellschaftskonzept selbst im westlichen Kontext ungeklärt und vor allem ideologisch indoktriniert. Das folgende Zitat erläutert kritisch die Wirkung der Zivilgesellschaftsförderung:

> „(…) civil society is sufficiently „feel good" to be the desire of all. Yet without further definition it is like a stick of candy floss, gentle in color, sweet to the tongue, but in body like air." (Howell & Pearce 2002: 111).

Allen (1997: 329) bestätigt ebenfalls, dass die Zivilgesellschaft einem diffusen Konstrukt gleicht und dabei ideologisch aufgeladen ist. Trotz dieser Diversität, hat das Konzept einen universellen Charakter. Das allgemeingültige Verständnis für Entwicklung im Westen, ist sehr mit einer aktiven Zivilgesellschaft und darauffolgenden demokratischen Ordnungen verknüpft. Ist die Zivilgesellschaft abwesend, muss sie wenn nötig von aussen kreiert werden (Howell & Pearce 2002: 188ff.). Das unterschiedliche Verständnis des Konzeptes spricht eher für ein theoretisches Konzept, welches sich nicht einfach in die Praxis umwandeln lässt. Ausserdem ist die Zivilgesellschaft an spezifische historische Kontexte gebunden und eine präzise politische Umsetzung wird somit erschwert (Lewis 2002: 572).

Ungeklärt bleibt auch die Beziehung der Wirtschaft zur Zivilgesellschaft. Viele Argumente ergeben, dass die Wirtschaft respektive der Markt nicht kausal mit der Zivilgesellschaft zusammenhängt. In der ehemaligen Sowjetunion ist die Zivilgesellschaft nicht etwa aus der wachsenden Unternehmermacht entstanden, sondern hat sich als eine gesellschaftliche Antwort auf repressive Regimes, etabliert. Ebenfalls ist eine klare Trennung nicht gegeben. Die Zivilgesellschaft, in Form von internationaler Entwicklungshilfe, generiert einen ökonomischen Output, indem sie beispielsweise Schulen, Spitäler und Universitäten fördert. In einigen Ländern sind zivilgesellschaftliche Nichtregierungsorganisationen eine wichtige ökonomische Kraft (Howell & Pearce 2002: 72-80). Ein Fehler der Geber ergibt sich durch die simple Annahme einer impliziten dreiseitigen Beziehung zwischen Staat, Markt und Zivilgesellschaft. Das voreingenommene Bild der Zivilgesellschaft als die demokratische Kraft schlechthin, verbessert die einseitige Sichtweise nicht (Howell & Pearce 2002: 5, 11). Das normative Ideal einer liberalen Demokratie reduziert die Zivilgesellschaft auf eine einzige Sphäre für den Interessensaustausch zwischen der Gesellschaft und dem Staat, wobei auch die Tatsache vernachlässigt wird, dass diese Interpretation auf westlichen historischen Erfahrungen beruht (Mercer 2002: 11).

Die normative Sichtweise impliziert weitere Problematiken, da die meist westlichen Geber eine gewisse Vorstellung haben, wie eine Zivilgesellschaft zu funktionieren hat oder welche Voraussetzungen gegeben sein müssen. In den meisten Entwicklungsländern spielen Verwandtschaftsbunde und Familien eine entscheidende Rolle in den sozialen Systemen und sind teilweise überlebenswichtig. Bei der liberalen Sichtweise einer Zivilgesellschaft werden diese Bunde verkannt und das Individuum hervorgehoben (Howell & Pearce 2002: 19ff.). Oft wird argumentiert, dass die Zivilgesellschaft ein reguliertes Umfeld haben muss, damit sich die Zivilistinnen und Zivilisten freiwillig versammeln können und eine öffentliche Interaktion stattfinden kann. Dieser erforderliche Freiraum für Partizipation stünde bei den meisten Entwicklungsländern nicht zur Verfügung, folglich ist in diesen Ländern eine Zivilgesellschaft im westlichen Sinne nicht gegeben und eine Implementierung wäre beinahe unmöglich (Ginther 1997: 144/ Fukuyama 2001: 18). Von einigen Gebern wurde die Zivilgesellschaftsförderung für schwache Länder, die keine zivile Kultur zu bieten hatten, deshalb als ein Geschenk des Westens angesehen (Howell & Pearce 2002: 45). Diese Grundhaltung wiederspiegelt eine eurozentrische Tendenz und limitiert so auch die Zivilgesellschaft als eine institutionelle Arena (Lewis 2002: 579). Ginther (1997: 142) hält die Verwendung der Zivilgesellschaft gar für einen Versuch, eine weitere Kolonialisierung zu verschleiern. Die Art und Weise wie die Geber ihre Projekte, welche sie unterstützen möchten, auswählen, impliziert die Instrumentalisierung der ganzen Zivilgesellschaftsförderungsprogramme. Meist werden diejenigen unterstützt, welche den politischen Vorstellungen der Geber am meisten entsprechen (Howell & Pearce 2002: 115ff.). Mewaldt (2010: 238ff.) bestätigt, dass sich bei näherer Betrachtung einige Partnerschaften ausländischer Hilfsorganisationen, tatsächlich als Scheinpartnerschaften entpuppen. Problematisch ist dies vor allem dann, wenn dadurch die Skepsis der lokalen Bevölkerung gegenüber internationalen Gebern wächst. Als Konsequenz bleiben die Zivilgesellschaftsorganisationen ein Fremdkörper innerhalb der restlichen Gesellschaft des Entwicklungslandes. Dieser Diskurs ist nicht neutral und die Förderung der Zivilgesellschaft ist sehr machtgeladen. Wenn die Geber ihre Förderungspartner auswählen, fällen sie implizit ein politisches Urteil. Die Beziehung zwischen Gebern und Empfängern der Unterstützungsleistung besitzt keine Basis der Gleichheit (Howell & Pearce 2002: 231). Obwohl die Zivilgesellschaft hauptsächlich auf Gleichheit und Freiheit beruht, sind die Leistungen der Zivilgesellschaftsförderung meist nur auf einen kleinen Teil der Bevölkerung beschränkt (Chatterjee 2001: 172). So hat die Zivilgesellschaft meist ein ambivalentes Verhältnis zur ärmeren Schicht und bemächtigt oft nur die Mittelschicht und vertritt auch nur deren Interessen (Harriss 2007: 2717).

Die Zivilgesellschaftsförderung in der Entwicklungszusammenarbeit hat noch weitere problematische Auswirkungen. Ein grosser Fehler ergibt sich in erster Linie, dass diese Förderungsprogramme und die Geber oft als *Good Guys* dargestellt werden. Neben der oft automatisch angenommenen stärkenden Rolle einer demokratischen Entwicklung, begründen andere Stimmen, dass die Förderung auch Demokratien schwächen könnte. Werden zum Beispiel oft soziale Wohlfahrtaktivitäten vom Staat auf die zivilgesellschaftlichen Institutionen übertragen, bedroht dies die Legitimierung des Staates und schwächt weiter deren Möglichkeit soziale Leistungen zu erbringen. In dieser Rolle würde die Zivilgesellschaft den demokratischen Staat untergraben (Mercer 2002: 15-19).

Taylor (2016: 664) erkennt, dass viele globale Zivilgesellschaftsorganisationen bei der Reduzierung der Symptome dieser Probleme zwar geholfen haben, sich währenddessen aber zu wenig mit der Suche nach den Ursachen beschäftigten. Die Probleme seien systematischer Natur und erforderten meist einen fundamentalen Systemwandel. Unbestritten bleibt die Tatsache, dass Geber durch ihre Unterstützungsprogramme, bewusst wie auch unbewusst, ihre Visionen in die Förderung einfliessen lassen. Diese Verkennung der eigenen normativen Sichtweise, hindert die Geber daran, auf die lokalen Begebenheiten einzugehen und deren Komplexität zu erfassen. Eine Zivilgesellschaft zu stärken ist eben nicht das Gleiche wie mit einer zu arbeiten (Howell & Pearce 2002: 232-236).

3.3   Fallstudie: Zivilgesellschaftskonzept in Ostafrika

3.3.1   Zivilgesellschaftsförderung im ostafrikanischen Kontext

Zivilgesellschaft erscheint in der öffentlich politischen Debatte Afrikas als Selbstverständlichkeit, was vor allem auf die intensive Förderung der internationalen Entwicklungspolitik seit den achtziger Jahren zurückzuführen ist (Neubert 2010: 210). In Ostafrika erlangten die zivilgesellschaftlichen Akteurinnen und Akteure immer mehr Einfluss in deren Entwicklungsprozesse. Die liberale demokratische Vorstellung einer Zivilgesellschaft begann die Entwicklungsprogramme zu durchdringen (Eberlei 2008: 309/ Howell & Pearce 2002: 186). Die meist westlichen Geber sehen in den afrikanischen Ländern eine dünne Zivilgesellschaft, welche gestärkt werden müsse (Kasfir 2008: 7). Die vorherrschenden autokratischen Regierungsformen in Afrika seien dabei ein Ausdruck eines schwachen Staates. Eine politische Transformation, welche Zivilgesellschaft stabilisiert oder gar etabliert, ist dabei unumgänglich (Blaney & Pasha 1993: 11ff.). Die Verbreitung des Begriffes der Zivilgesellschaft in Ostafrika wurde erreicht durch die Hinwendung der internationalen Gebergemeinschaft zur Förderung von *Good Governance*. Diese dient unteranderem als ein strategisches Element zur Stärkung liberaler Reformen in Entwicklungsländern (Eberlei 2014: 4). In der in den Neunzigern angenommenen *African Charter for Popular Participation in Development and Transformation* in Tansania, wird der partizipativen Entwicklung eine führende Rolle zugeschrieben und als der einzige Weg für eine nachhaltige Entwicklung Afrikas beschrieben. Der Grund für die entwicklungspolitische Krise in den Ländern Afrikas bilde vor allem die Unstrukturiertheit der dortigen Gesellschaft (Ginther 1997: 145ff.). Deshalb sind auf politischer Ebene seit einem guten Jahrzehnt viele zivilgesellschaftliche Organisationen in die Entwicklungsprozesse Ostafrikas eingebunden (Eberlei 2008: 311). Unter der Leitung der westlichen Geber wird Zivilgesellschaft als eine Bedingung angesehen, ohne die es keine progressive Politik oder einen Ort für bürgerliche Organisation geben könnte (Hearn 2001: 43). Schlussendlich hat sich laut Eberlei (2008: 310) in den vergangenen zehn bis fünfzehn Jahren in den meisten ostafrikanischen Staaten eine politische Zivilgesellschaft herausgebildet. Die Geschichte nicht-staatlicher, gesellschaftlicher Akteurinnen und Akteure Ostafrikas ist natürlich viel älter und datiert ihren Ursprung bereits bei vorkolonialen gesellschaftlichen Organisationsformen.

3.3.2 Geschichtliche Entwicklung einer afrikanischen Zivilgesellschaft

Es ist wichtig zu definieren, dass unter der Verwendung des Begriffes Zivilgesellschaft, die geförderte gesellschaftliche bzw. politische Sphäre gemeint ist (Eberlei 2014: 4). Wie bereits erwähnt, würde die Geschichte gesellschaftlicher öffentlicher Akteurinnen und Akteure in Ostafrika bereits vor dem Kolonialismus anknüpfen. Dieses Unterkapitel widmet sich ausschliesslich einer Zivilgesellschaft, die durch westliche Mächte beeinflusst wurde und bis heute noch gefördert wird. Somit markierte die Phase des Kolonialismus den ersten wichtigen Einschnitt in die Entwicklung einer afrikanischen Zivilgesellschaft. In Tansania hat das zivilgesellschaftliche Engagement in Form von Unabhängigkeitsbewegungen, eine bis in die Kolonialzeit reichende Tradition (Hirschler & Hofmeier 2014: 139). Die darauffolgende postkolonialistische Ära mit ihren neopatrimonialen Herrschaftstypen, den miteinhergehenden unzähligen Unruhen und den demokratischen Bemühungen, beeinflussten die Zivilgesellschaft in Ostafrika. Für Makumbe (1998: 310) ist deshalb klar, dass sich in so kurzer Zeit unter diesen Umständen keine dynamische Zivilgesellschaft entwickeln konnte.

Der erste historische Moment der eine Zivilgesellschaft in Afrika geformt hatte, ging einher mit der Kolonialherrschaft. Die kolonialen Mächte fragmentierten, rekonstruierten oder zerstörten die zuvor bereits existierenden gesellschaftlichen Gruppen und Organisationen in Ostafrika. Dies aus Angst vor einer heimischen Instrumentalisierung gegen die Kolonialherren (Howell & Pearce 2002: 179). Die afrikanische Zivilgesellschaft wurde zu dieser Zeit exkludiert und „rassifiziert". Die Rasseneinteilung wandelte die Afrikanerinnen und Afrikaner zwar in Subjekte um, welche aber keinerlei Rechte besassen. Die weissen Siedlerinnen und Siedler galten als Rechtsinhaber, durften sich in Gruppen organisieren oder andere gesellschaftliche Zusammenschlüsse begründen (Makumbe 1998: 306). Die koloniale Regierung gewährte den Einheimischen wenig bis gar keinen Raum, um sich formell organisieren zu können, geschweige denn sich einer mit Recht ausgestatteten zivilen Assoziation anzuschliessen. In Ostafrika sind einzig und allein unter dem Schirm ethnischer Zusammenschlüsse oder Kirchen kleine Gruppenaktivitäten toleriert worden (Howell & Pearce 179-180).

Nach dem zweiten Weltkrieg liess die Überwachung afrikanischer Gruppierungen nach und es konnte sich Raum entwickeln für eine Bewegung gegen die Kolonialherrschaft. In Kenia und Tansania boten unabhängige Kirchen und Schulen Platz für alternative Ideologien und für die

Bildung von Gegenbewegungsorganisationen. Den Kern der Widerstandsaktivitäten bildeten unter anderem Lehrer und juristische Gesellschaften (Howell & Pearce 2002: 180). Die sechziger Jahre stehen für die Häufung nationalistischer Bewegungen gegen die koloniale Dominanz und der beginnenden Unabhängigkeitswelle in Afrika. Diese Phase hätte den ersten Moment für eine unabhängige Entwicklung einer afrikanischen Zivilgesellschaft bilden können. Doch die neu etablierten Staaten Ostafrikas wurden von einer kleinen Elite dominiert und die autoritäre Kontrolle unterdrückte autonome Verbindungen in der Gesellschaft (Lewis 1992: 45-46).

Die neuen afrikanischen Staaten übernahmen zu einem grossen Teil die kolonialen administrativen Strukturen. Die Gesellschaft unter ihnen zeichnete sich durch die vergangenen Proteste und Widerstandskämpfe aus und die postkolonialen Führer waren wenig tolerant gegenüber Oppositionen. Die Zivilgesellschaft, welche sich aus den Widerständen herausgebildet hatte, wurde unter dem Gewicht politischer Repression erdrückt (Howell & Pearce 2002: 180-182). Die nun unabhängigen afrikanischen Staaten beruhten (teils auch beruhen) typischerweise auf patrimonialen Formen der Regierungen, welche sich oft als willkürlich und unberechenbar erwiesen (Lewis 1992: 42). Dieser Herrschaftstyp ist vor allem durch die Autorität einer Person oder Partei gekennzeichnet, die ihre Macht hauptsächlich mit traditionellen und militärischen Verwaltungen ausüben. Obwohl einige öffentliche Gesetze und Regeln der ostafrikanischen Staaten formell erfasst sind, wird die praktische Ausübung häufig über eine informelle persönliche Ebene vermittelt. Durch diese Unterwerfung sind Zivilistinnen und Zivilisten oftmals verunsichert und fühlen sich schutzlos (Hofmeier & Mehler 2004: 212ff.). Diese autoritäre patrimoniale Herrschaft erwies sich deshalb als ungeeignet für die Konstruktion einer afrikanischen Zivilgesellschaft (Lewis 1992: 41). Die vorherrschenden Ein-Partei-Regierungen in Ostafrika übernahmen im Zuge der sozialistischen Politik der 60er bis 70er Jahre die Entwicklungsrolle, unabhängige zivilgesellschaftliche Organisationen wurden aufgelöst oder verboten. Dieser zunehmende *top-down* Ansatz der afrikanischen Regierungen, stellte eher eine Kontrolle über die Bevölkerung sicher, als deren Partizipation zu ermöglichen. Es führte vielmehr zu einer Lähmung des zivilgesellschaftlichen Engagements. In Tansania blieben einzig religiöse Gemeinschaften, welche mit dem Staat kooperierten, bestehen (Hirschler & Hofmeier 2014: 139). Howell und Pearce (2002: 182) bestätigen, dass vor allem christliche Kirchen viele Vereinigungen aufstellten und sich so in Kenia Widerstände gegen die postkoloniale Regierung formieren konnten. Unterirdisch konnten weitere Vereinigungen zu Kräften kommen, welche für die Bereitstellung von Solidarität zuständig waren. Mit den achtziger Jahren wurde eine Krisenperiode eingeläutet, die sich durch eine drastische Verschlechterung der sozialen Bedingungen auszeichnete. Um trotzdem soziale Dienstleistungen und Wohlfahrt, vom Staat nicht genügend erbracht, aufrecht zu erhalten, entstanden zunehmend lokale Selbsthilfegruppen (Hirschler & Hofmeier 2014: 139). Folglich wurden viele private Organisationen ermutigt Verantwortung für die Wohlfahrtsdienstleistungen zu übernehmen. Von nun an fokussierten sich internationale Geber auf die Entwicklung zivilgesellschaftlicher Organisationen, die die Rolle des Dienstleistungserstellers einnehmen sollten. Gepaart mit dem verstärkten Empfinden eines scheiternden Staates, dem ökonomischen Wandel und der vermehrten Verbreitung von Zivilgesellschaftsorganisation (ZGO), meist in Form von NGOs, breitete sich in Ostafrika eine Demokratisierungswelle aus (Howell & Pearce 2002: 182-183).

Zum Ende des Jahrzehnts bahnte sich in den meisten afrikanischen Staaten ein grundlegender politischer Wandel an. Die herrschenden Ein-Partei-Regimes waren zu dieser Zeit erstarrt und in vielerlei Hinsicht heruntergekommen (Eberlei 2014: 19). Nachdem die vorherrschenden Beschränkungen zivilgesellschaftlicher Betätigungen allmählich überwunden waren, haben ab den neunziger Jahren in Tansania die Bedeutung, zivilgesellschaftlicher Akteurinnen und Akteure und deren aktive Mitwirkung bei Entwicklungsprozessen und politischen Diskursen zugenommen (Hirschler & Hofmeier 2014: 137). In dieser Phase spielte auch in Uganda die Zivilgesellschaft eine zentrale Rolle als Lückenfüller grundlegender Sozialleistungen (Hearn 2001: 50). Das Afrika der Neunziger war zudem geprägt von weitverbreiteten politischen Turbulenzen. Die Umwandlung der militärischen Ein-Partei-Regimes in Richtung liberal demokratischer Formen, verlief nicht ohne heftige Proteste auf Seiten der Zivilgesellschaft. Diese politische Entwicklung erweckt den Eindruck, dass die afrikanische Zivilgesellschaft vor allem eine antistaatliche Kraft sei, die sich gegen despotisch tyrannische Regenten und repressive Regimes wehren musste (Makumbe 1998: 305-308). Trotz aller Bemühungen wird sich laut Howell und Pearce (2002: 184) zeigen, dass die meisten demokratischen Transformationen in Afrika nicht von Dauer sind. Einige neue demokratische Regierungen begannen zu schwanken und die personalistischen, militärischen oder autoritären Herrschaftsformen wurden erneuert. Die anfängliche Euphorie einer Zivilgesellschaft liess nach und die Zweifel über die angeblich solidarischen, nachhaltigen und demokratischen Potenziale traten vermehrt in den Vordergrund. Doch zuerst widmen wir uns der konkreten Förderung der Zivilgesellschaft internationaler Geber in Ostafrika und welche Problematiken schlussendlich eine nachhaltige Entwicklung vereiteln.

3.3.3 Ziele und Forderungen der Zivilgesellschaftskonzepte

Durch die unterdrückerischen Zeiten der afrikanischen Zivilgesellschaft, der alltäglichen Armut, die autoritären Regimes und durch das ökonomische Fehlmanagement stieg zu Beginn der neunziger Jahre die Nachfrage nach Demokratie und *Good Governance* in der ostafrikanischen Region (Okuku 2003: 52). Diese Schwäche der afrikanischen Staaten lies der Kreation und anschliessenden Expansion einer Zivilgesellschaftsförderung Raum. Die internationale Geberschaft ist seitdem sehr involviert in der Ermutigung und Unterstützung zivilgesellschaftlicher Organisationen in Ostafrika, die meist ihren Vorstellungen entsprechen (Kasfir 2008: 3, 9). Die Zivilgesellschaft ist im politischen Diskurs Afrikas fest verankert. Deren Förderung gehört zum gängigen Zielkatalog internationaler Entwicklungsorganisationen, insbesondere für die Etablierung demokratischer Regierungsformen (Neubert 2010: 211). Die Förderung der Zivilgesellschaft, als wichtiges Element von *Good Governance,* wurde in den neunziger Jahren zur Hauptaufgabe der internationalen Entwicklungshelfer (Robinson 1995: 70ff). Oft wird argumentiert, dass ein entwicklungsbringender Aktivismus der afrikanischen Gesellschaft, vor allem durch ein Defizit an Infrastruktur, eine embryonale Zivilgesellschaft, undemokratische Regierungen und deren Werte und Normensysteme, welche auf eine Hierarchisierung beruhen, verhindert wird. Diese vorherrschenden Strukturen müssten transformiert werden oder liberalere Formen von Grund auf gefördert werden (Child 2009: 240). Die meisten Geber haben die Grundhaltung, dass eine Entwicklungsförderung per se gut sei. Durch ihre Förderungsarbeiten würden mehr Menschen in ein Verbundleben befördert und marginalisierte Gruppen würden gestärkt werden. Durch den geförderten Pluralismus wird eine politische Partizipation der afrikanischen Zivilgesellschaft ermöglicht und vereinfacht (Robinson 1995: 75). Insofern wird die Zivilgesellschaft im ostafrikanischen Kontext als ein notwendiges Mittel für eine nachhaltige Demokratie gewertet (Okuku 2003: 51). Demokratieförderung, Armutsreduktion und eine politische Partizipation aller Bevölkerungsschichten stehen alle in einem direkten Zusammenhang mit einer aktiven Zivilgesellschaft (Madjlessi-Roudi 2015: 108). Im nächsten Unterkapitel wird ersichtlich, dass bei der Implementierung der geschilderten Forderungen internationaler Gebergemeinschaften nach Ostafrika, viele Probleme aufkommen. Somit werden sich die Ergebnisse der Zivilgesellschaftsförderung im Namen der Entwicklungszusammenarbeit enorm von den erwarteten Zielen unterscheiden.

3.3.4 Problematiken der Übertragung des Zivilgesellschaftskonzeptes

„(…) problems arising when donors implement civil society projects and programs in particular contexts with diverse histories, cultures, colonial legacies, state structures, and economic potential." (Howell & Pearce 2002: 223-224).

Die Förderung der Zivilgesellschaft in Ostafrika, mit ihrem klar westlichen Ursprung, ihren liberalen Ansätzen und normativen Sichtweise, erweist sich als ein Problem, wenn die ostafrikanischen historischen Hintergründe und deren soziopolitischen Rahmenbedingungen nicht ausreichend berücksichtigt werden. Wie das obige Zitat besagt, besitzt das Zivilgesellschaftskonzept einen eigenen kulturellen und geschichtlichen Kontext, welcher sich von den in Ostafrika vorherrschenden Strukturen gänzlich unterscheidet. Da die meisten Geber sich von ihren eigenen Vorstellungen leiten lassen, ist dies sehr oft der Fall und eine erfolgreiche Umsetzung der geförderten Entwicklungsagenda wird dadurch verhindert (Howell & Pearce 2002: 89ff.). Dies kann dazu führen, dass der ideologische Ansatz der Zivilgesellschaftsförderung, das Potenzial einer Zivilgesellschaft politischen Wandel zu etablieren, limitiert wird (Hearn 2001: 52). Trotzdem gilt für die Geber und anderen intervenierenden Parteien die Zivilgesellschaft als der potenzielle Motor der Demokratisierung schlechthin (Eberlei 2008: 316). Dabei wird nicht berücksichtigt, dass in Ostafrika undemokratische Werte der Hierarchie und Autoritäten massiv verstärkt sind. Deshalb kann eine Zivilgesellschaftsförderung den Prozess der Demokratisierung stören (Okuku 2003: 53). Weiter zu beachten ist, dass die westlichen Regierungssysteme, die meist auf einem Mehrheitsprinzip basieren, in Ostafrika zu weiteren Problemen führen könnten. Die afrikanischen Nationen bestehen meist aus mehreren multiethnischen Gesellschaften, und ein signifikanter Teil würde durch eine nur auf dem Mehrheitsprinzip basierenden Entscheidung ausgeschlossen werden (Mule 2001: 75).

Vielfach wird die Tatsache kritisiert, dass im ostafrikanischen Kontext die Zivilgesellschaft nur aus den in der Entwicklungszusammenarbeit präsenten Nichtregierungsorganisationen bestehe. Dieser von den Gebern westlich eingeschränkte Blickwinkel fokussiere sich ausschliesslich auf die aus internationalen Quellen finanzierten Organisationen und liesse gleichzeitig andere soziale Bewegungen aussen vor (Eberlei 2008: 317). Mit dem *SAP*, dem Strukturanpassungsprogramm des IWF und der Weltbank wurden vor allem wirtschaftliche Massnahmen in den Entwicklungsländern, unteranderem auch in Kenia, gefördert. Die alleinige Unterstützung galt den Organisationen im privaten Sektor. Die hiesigen Probleme zeigen, dass eine Entwicklung nebst der Ökonomie, mindestens so wichtig ist (Mule 2001: 72). In Ostafrika konzentrieren sich die Geber meist auf formelle Organisationen, welche ihren normativen Kriterien entsprechen. Mit dieser Vorgehensweise unterstützen die Geber nur eine limitierte Sparte der Gesellschaft und andere informelle Zusammenschlüsse, die eine wichtige Rolle in der Formung von ökonomischen und politischen Leben haben, werden dabei ausgeschlossen. Da viele der formelleren Organisationen in städtischen Gebieten angesiedelt sind, privilegieren Geber eine kleine Anzahl urbaner Gruppen und ländliche Gesellschaften werden vernachlässigt. In Kenia profitiert beispielweise hauptsächlich die urbane Mittelschicht und die Förderer schaufeln damit einen noch tieferen Graben in der Gesellschaft (Howell & Pearce 2002: 188).

Die Verortung der Zivilgesellschaft als dritte Sphäre neben dem Markt und dem Staat gilt als eine der wichtigen Merkmale im westlichen Diskurs. In Ostafrika sind in der Praxis die Grenzen zwischen Zivilgesellschaft, Staat, Markt und auch der Familie komplex und verschwommen (Whyte 2004 zit. in: Neubert 2010: 213). Neubert (2010: 225) betont weiter, dass durch das hochnormative Konzept die Öffentlichkeit strickt von der Privatheit getrennt wird. Die verschwommenen Sektorengrenzen Ostafrikas stehen in einem Kontrast zum westlichen Drei-Sektoren-Modell aus Staat, Zivilgesellschaft und Markt (Lewis 2002: 579). Okuku (2003: 53) erwähnt, dass vor allem die Trennung zwischen Staat und Zivilgesellschaft nicht scharf sein kann. Wird eine scharfe Unterscheidung zwischen Staat und Zivilgesellschaft in Ostafrika insistiert, werden damit die wichtige Rolle des Patronats oder gewisser Ethnien, die in staatlichen Beziehungen stehen, unterschätzt (Howell & Pearce 2002: 187). Lange galten in Afrika die Gesellschaft und der Staat eher als Synonyme wobei der Staat eine Verlängerung der Zivilgesellschaft bildete (Mule 2001: 75). Mit der westlichen Definition der Zivilgesellschaft werden folglich alle Organisationen exkludiert, welche vom Staat profitieren. Doch in einem System mit vorherrschendem Patronat tritt dies häufiger auf und deshalb ist das geförderte Zivilgesellschaftskonzept in Ostafrika nicht richtig anwendbar (Child 2009: 242). Problematisch wird es aber vor allem, wenn das Verhältnis der Zivilgesellschaft zu weiteren Akteurinnen und Akteuren unklar ist. Oft ist nicht geklärt wer überhaupt zur Zivilgesellschaft gehört. So bleibt beispielsweise im Fall religiöser Gruppierungen diese Frage ungelöst (Madjlessi-Roudi 2015: 107). Mule (2001: 75) fragt sich deshalb zurecht, ob neben den modernen, urbanen Organisationen auch die Traditionellen zur Zivilgesellschaft mitgezählt werden. Ob die Formationen intern entstanden sein sollten oder extern konstruiert bleibt ebenfalls offen. Neben den eines westlichen Vorbildes entsprechenden Organisationen, gibt es in Ostafrika weitere gesellschaftliche Selbstorganisationen, die mit dem Zivilgesellschaftskonzept nicht angemessen erfasst werden können. Dazu zählen politische Gruppierungen wie Ältestenräte und *Chiefs,* Bürgerwehren, militante Bewegungen oder lokale Verteidigungsgemeinschaften. Die strikten normativen Vorgaben des Konzeptes erweisen sich als zu eng, um diese komplexen soziopolitischen Strukturen abzubilden (Neubert 2010: 210). Wenn eine gesamtheitliche gesellschaftliche Dynamik Afrikas erfasst werden soll, müssen alle Formen der Selbstorganisation untersucht werden. Den Blick auf eine ausschliesslich gute Zivilgesellschaft zu richten reicht somit nicht aus (Neubert 2010: 221).

Das grösste Problem, welches sich hauptsächlich im ostafrikanischen Kontext abspielt, ist die Vereitelung der westlichen Geber von Ethnien und vorherrschenden Verwandtschaftsbunden. Das gängige Zivilgesellschaftskonzept impliziert, dass Selbstorganisationen auf Grundlagen zugeschriebener Ethnien ausgeblendet werden, da sie keine Basis von freiwilligen Zusammenschlüssen umfassen würden. Doch diese Formen der Gesellschaft erweisen sich in Ostafrika als hochrelevant (Neubert 2010: 213). Die sozialen Beziehungen zwischen Familienmitgliedern oder innerhalb einer Ethnie gestalten sich informell und werden untereinander ad hoc beansprucht. Diese oft unsichtbaren Netzwerke sind für internationale Geber schwierig zu erkennen (Bratton 1989: 414). Sofern die Geber die ethnischen Nachfragen in der Zivilgesellschaft ausschliessen, können die Zivilgesellschaftsorganisationen unmöglich die vollen Interessen der lokalen Bevölkerung und deren Bedürfnisse repräsentieren (Kasfir 2008: 7). Die moderne Konzeptualisierung der Zivilgesellschaft sieht diese ursprünglichen Formen der Verbindungen jedoch als rückständig und irrational an und sogar als Hindernis für eine Formation effektiver Interessensgruppen. Die Tendenz der internationalen Geber, Verbundsaktivitäten von Klans, Stämmen und Verwandtschaften aus der Zivilgesellschaft auszuschliessen, zeigt deren limitierten Blick über das Potenzial dieser Zusammenschlüsse für einen politischen und sozialen Wandel in der Gesellschaft (Howell & Pearce 2002: 185-186).

Mit der Art und Weise wie die Geber ihre Entwicklungszusammenarbeit ausführen, wirkt die Zivilgesellschaftsförderung mehr wie ein Produkt des Westens oder gar ein westlicher Traum (Eberlei 2008: 317/ Child 2009: 242). Diese Förderung beinhalte eine Arena, mit welcher eine Intervention der Geber und anderer mächtiger Akteurinnen und Akteure, um vermehrt Einfluss in die politische Agenda Ostafrikas zu erhalten, vereinfacht wäre (Hearn 2001: 43). Einige sehen die Zivilgesellschaft als eine reine Kreation westlicher Entwicklungsorganisationen an, um ein neoliberales Projekt in Ostafrika zu implementieren. Der Begriff als Teil der *Good Governance* Agenda verschleiere bloss die Tatsache, dass das Konzept ein weiteres Instrument zur Durchsetzung neuer ausbeuterischer Aktivitäten darstelle und dabei als Parallele zum Kolonialismus gewertet werden könnte (Eberlei 2014: 5). Der Mehrheit der Zivilgesellschaftsorganisationen in Ostafrika ist es nicht möglich ohne die internationalen Geber zu existieren und folglich sind diese von ihnen abhängig. Oft fühlen sich die Zivilgesellschaftsorganisationen gezwungen ihre eigenen politischen, sozialen und ökonomischen Interessen an die Programme des Gebers anzupassen und deren Vorgaben zu implementieren. Konsequenterweise verlieren afrikanische zivilgesellschaftliche Organisationen, welche mit den internationalen Gebern in einem Abhängigkeitsverhältnis stehen, lokale Unterstützung und das Vertrauen der eigenen Bevölkerung (Makumbe 1998: 311-315). Neubert (2010: 214) bestätigt ebenfalls, dass gelegentlich diese einseitige Abhängigkeit als eine neue Form des Imperialismus wahrgenommen wird. Durch den schwachen gesellschaftlichen Rückhalt, agieren die afrikanischen Organisationen als Auftragsnehmer von Entwicklungsorganisationen aus dem Westen.

Der Vollständigkeit halber geht die Arbeit kurz auf die Probleme einer Übertragung des Zivilgesellschafskonzeptes in ostafrikanische Kontexte ein, welche sich vor allem durch ein erschwertes Umfeld ergeben. Die vorherrschenden lokalen Umstände können dabei eine erfolgreiche Förderung behindern. Dass in Ostafrika viele Zivilgesellschaftsorganisationen extrem abhängig von fremden Gebern sind und eine eigene autonome Koordination abwesend ist, hat unter anderem auch mit der Unterdrückung der Regierung zu tun. In Uganda verlief die Zivilgesellschaftsförderung ganz und gar nicht ohne Probleme. Der Staat reagierte vorwiegend negativ und antwortete mit einer verstärkten Kontrolle öffentlicher Zusammenschlüsse. In Kenia wiederrum wurde der implementierte Demokratisierungsprozess weitaus mehr begrüsst (Okuku 2003: 59-61). Hirschler und Hofmeier (2014: 137-140) weisen ebenfalls darauf hin, dass in Tansania einige zivilgesellschaftliche Aktivistinnen und Aktivisten immer wieder mit harten Repressionsmassnahmen des Staates konfrontiert werden. Besonders auf lokaler Ebene wird die Arbeit von Zivilgesellschaftsorganisationen behindert und wichtige Informationen werden von der Verwaltung bewusst zurückgehalten. Durch diese repressive Handlung der Regierung Tansanias wuchs das Misstrauen unter der Gesellschaft und das Risiko unangenehm aufzufallen erwies sich als gross genug, dass eine Lähmung zivilgesellschaftlichen Engagements folgte (Hirschler & Hofmeier 2014: 159). Meist verhängen die ostafrikanischen Staaten erhebliche Registrierungsmassnahmen für zivilgesellschaftliche Organisationen, anstatt eine offensichtliche Unterdrückung auszuüben. Eine Registrierung gestaltet sich in vielen Fällen als sehr kompliziert, aufwendig und teuer. Eine permanente Unsicherheit wird erreicht, indem die Registrierungen oft nur für einen kurzen Zeitraum von ein bis zwei Jahren gelten. In Uganda gehen Registrierungen gar mit Auflagen einher, in denen der Staat bestimmen kann, in welcher Region die Organisation tätig sein darf (Eberlei 2014: 24). In Kenia sind den Registrierungen einer formellen Vereinigung jeweils so strikte Vorgaben auferlegt, dass sich eine Registrierung als unattraktiv erweist und das Vertrauen nur noch mehr bei den Familienklans und Stämmen gesucht wird (Howell & Pearce 2002: 185).

Wie aber bewerten die politischen Beteiligten der Entwicklungszusammenarbeit schlussendlich die Zivilgesellschaftsförderung in Ostafrika? Die Antwort darauf ist selbst bei den ostafrikanischen Regierungen, den Gebern und der Zivilgesellschaft umstritten. Relativ offensichtlich zeigen sich viele internationale Geber, wie der IWF und die Weltbank, mit der Förderung und der daraus erreichten Armutsbekämpfung zufrieden, wobei die zivilgesellschaftlichen Stimmen sich wesentlich skeptischer zeigen. Die neu eröffneten Dialogmöglichkeiten afrikanischer Zivilgesellschaften werden positiv anerkannt, obwohl immer noch eine grosse Anzahl auf die Schwächen der bisherigen Förderung verweisen. Die Annahme, dass die bisherige Intervention der Geber eher einer Alibi-Veranstaltung gleicht, um vermehrt Einfluss in die ostafrikanische Politik zu erlangen, ist nach wie vor präsent. Regelmässig wird kritisiert, dass die Vorschläge der afrikanischen zivilgesellschaftlichen Akteurinnen und Akteure praktisch nicht berücksichtigt werden. Seitens der Regierung etablierte sich gegenüber der Zivilgesellschaftsorganisationen ebenfalls eine vermehrt kritische Haltung. Vielen Machthabern sind die unbequemen Forderungen nach mehr Transparenz und Beteiligung der Zivilgesellschaft ein Dorn im Auge (Eberlei 2008: 325-326). Das letzte Unterkapitel der Fallstudie wird sich deshalb einer kurzen Vorstellung potenzieller Lösungsansätze widmen, die gegen die beschriebenen Probleme der Zivilgesellschaftsförderung helfen könnten.

3.3.5 Lösungsansätze

Howell & Pearce (2002: 186) raten zu einer Umgestaltung der Kontextualisierung des liberalen Zivilgesellschaftsverständnisses, damit es in einem ostafrikanischen Kontext genutzt werden kann. Darüber hinaus ist die Berücksichtigung ursprünglicher kollektiver Identitäten wichtig, die dem westlichen Individualismus entgegengestellt sind. Die Kunst dabei ist es, die verschiedenen historischen Gegebenheiten und die sozialen Kontexte zu verbinden. Das vom Westen exportierte universelle Ideal einer Zivilgesellschaft sollte mit den lokal-spezifischen Traditionen verknüpft werden. Der normative Blickwinkel vieler Geber verhindert dies jedoch. Deshalb ist einzig und allein eine Öffnung ihrer Annahmen über die moralische und organisationale Basis im ostafrikanischen Kontext ergiebig (Lewis 2002: 579). Zivilgesellschaftliche Organisationen können nicht nachhaltig sein, wenn diese vor allem unter äusserem Druck kreiert wurden. Eine lokale und heimische Legitimierung der Gruppierungen ist dabei eine zwingende Realität (Mule 2001: 76). Mewaldt (2010: 235) bekräftigt die Initiierung der

Lokalisierungsprozesse, die die lokalen Bedingungen und Kulturen berücksichtigen. Nur dies erweist sich als eine Basis für nachhaltige Entwicklung. Eine unumstrittene Tatsache ist, dass die Geber explizite, eigene Vorstellungen von Zivilgesellschaft haben. Um die daraus entstehenden Probleme zu umgehen, müssen die Geber ihr eigenes Konzept klar machen und ihre Vorstellungen transparent halten. Da es selbst im Westen viele konkurrierende Visionen über soziale Gerechtigkeit, Gleichheit, Demokratie und Entwicklung gibt, muss zumindest den Entwicklungsempfängern klar gemacht werden, wie ihre internationale Unterstützer darüber denken und welche Massnahmen sie selbst fördern möchten (Howell & Pearce 2002: 233). Vielfach müssen die Vorstellungen über die später geförderte Regierungsform und die anderen Unterstützungsmassnahmen in Zusammenarbeit entwickelt und in den jeweiligen Kontext übersetzt werden (Mule 2001: 75). In der ostafrikanischen Region müssen die neu entwickelten, politischen Handlungsweisen auf der vorherrschenden sozialen Basis aufgebaut werden. Auch wenn der Familienzusammenhalt und die ethnischen Stämme aus westlicher Perspektive als nichtig betrachtet werden, müssen diese in der Zivilgesellschaftsförderung in Ostafrika auf alle Fälle berücksichtigt werden (Simone & Pieterse 1993: 48). Aufgrund der zunehmenden Erfahrungen gescheiterter Entwicklungsprojekte, ist die Notwendigkeit einer lokalen Partizipation wichtiger denn je. Ansonsten wurde und wird weiterhin an den Rahmenbedingungen und Bedürfnissen der ostafrikanischen Zivilistinnen und Zivilisten vorbeigeplant (Eberlei 2008: 313).

Für die beschriebenen Lösungsansätze, welche die Geber berücksichtigen sollten, gibt es unzählige Voraussetzungen die gegeben sein müssen. Unter diesen Umständen ist für eine erfolgreiche Entwicklungszusammenarbeit kontinuierliches Lernen und eine starke Motivation für einen Wandel auf beiden Seiten erforderlich. Weiter lassen sich diese Veränderungen nicht allein von oben diktieren, und für ein engagiertes Handeln wird auf lokaler Ebene eine intrinsische Motivation verlangt (Mewaldt 2010: 239-240). Den lokalen Bürgerinnen und Bürgern kann allerdings nicht willkürlich eine solche Last zur Selbsthilfe aufgebürdet werden. So würden das Scheitern der ostafrikanischen Staaten und die Entwicklungsstagnation grösstenteils intakt bleiben. Nur mit einer Strategie- und Interventionsänderung, welche sich mehr auf die Mechanismen des Versagens fokussieren, kann diesen entgegengewirkt werden (Devarajan et al. 2013: 21).

4   Diskussion

Zivilgesellschaft wird seit gut 30 Jahren im Namen der Entwicklungszusammenarbeit von verschiedenen internationalen Gebern gefördert. In die Region Ostafrikas wird das Zivilgesellschaftskonzept in Form von *Good Governance* gebracht, in der Hoffnung die Entwicklung anzukurbeln und liberale demokratische Regierungsformen zu etablieren.

> „Von vielen politisch oder sozial Engagierten wird die Stärkung der Zivilgesellschaft als Allheilmittel gegen die Verwerfungen in der sozialen Welt angesehen (…)." (Adloff 2005: 7).

Doch die im Zitat ersichtliche Grundhaltung zeigt den normativen und ideologischen Ansatz, welchen die Geber hegen. Wie sich gezeigt hat, ist das Zivilgesellschaftskonzept alles andere als geklärt. Ohne Rücksicht auf diese offensichtliche Unklarheit wird das Konzept trotzdem mit den Entwicklungsprogrammen exportiert. Im Westen haben sich mit dem *Mainstream* und dem *Alternative* Ansatz zwei sich konkurrierende Sichtweisen herausgebildet, welche doch beide einen gemeinsamen Nenner besitzen. In der westlichen Welt versteht man unter Zivilgesellschaft meist eine öffentliche Sphäre die als Gegenspieler des Marktes und des Staates zu werten ist. Innerhalb dieses Raumes haben Zivilistinnen und Zivilisten die Möglichkeit sich freiwillig als eigenständige Individuen für gemeinsame Zwecke zusammenzuschliessen. Am stärksten wurde dieses Konzept zu Zeiten der Aufklärung geformt, als die geltenden liberalen Werte von Freiheit aufkamen und endete schlussendlich in der Definition eines 3-Sphären-Modells. In der zweiten Entwicklungsphase der westlichen Zivilgesellschaft spielte das Kräftemessen zwischen dem sozialistischen Kommunismus und der kapitalistischen Demokratie eine tragende Rolle. Die Demokratie ging dabei, zumindest aus westlichem Blickwinkel, als Sieger hervor. Die liberalen Werte, welche die Zivilgesellschaft ausmachen, wurden dabei festgemacht. Gleichzeitig begann in den achtziger Jahren eine Demokratisierungswelle die ebenfalls zu den Entwicklungsländern hinüberschwappte. Mit der Legitimation, dass Zivilgesellschaft eine Grundvoraussetzung für eine florierende Entwicklung und einer funktionierenden Demokratie sei, begann die Entwicklungszusammenarbeit mit ihren Zivilgesellschaftsförderungsprogrammen in Ostafrika Fuss zu fassen. Genau wie die Zivilgesellschaft im Westen ihren eigenen historischen Ursprung hat, besitzt die Zivilgesellschaft in Ostafrika ebenfalls einen eigenen geschichtlichen Hintergrund. Dieser begann allerdings bereits mit einer Intervention des Westens. Genau wie die historische Kraft der Moderne die Zivilgesellschaft im Westen formte, so wurde das Konzept in Ostafrika durch den Kolonialismus und von den antikolonialen bis postkolonialen Aufständen beeinflusst (Howell & Pearce 2002: 180).

Trotz dieser gänzlich anderen historischen wie auch kulturellen Umstände wird die Stärkung einer Zivilgesellschaft von den internationalen Gebern beispielweise in Uganda, Tansania und Kenia implementiert. Diese westlich geprägte, ideologische Herangehensweise enthält bereits das Kernproblem einer Konzeptübertragung. Die Art der Förderung limitiert gar das Potenzial, welches eine Zivilgesellschaft tragen würde. Damit gemeint ist die Etablierung einer Sphäre, in der sich Individuen frei äussern und zusammenschliessen könnten, um öffentlichen wie auch politischen Angelegenheiten nachzugehen. Im ostafrikanischen Kontext zeichnet sich dies durch eine Ignoranz gegenüber anderen lokal, herrschenden gesellschaftlichen Formen aus. Informelle Zusammenschlüsse, ethnische Klans und Stämme, wie auch die Zusammenhalte in der Verwandtschaft werden von den Gebern bewusst oder unbewusst übersehen, obwohl diese für eine funktionierende Gesellschaft enorm wichtig wären. Weiter kann dies vor allem auch durch das im Westen herrschende starre 3-Sektoren-Modell ausgelöst worden sein. In Ostafrika sind die Grenzen zwischen der Zivilgesellschaft, dem Staat und dem Markt im Gegensatz zum Westen diffus. Viele soziale Formationen, die einen wichtigen Teil der ostafrikanischen Gesellschaft bilden, arbeiten mit dem Staat zusammen und profitieren ausserdem von ihm. Laut des westlichen Modells müssten diese Organisationen von der Zivilgesellschaftsdebatte ausgeschlossen werden. Ebenfalls problematisch erweist sich die im Westen vorherrschende strikte Trennung zwischen der privaten und öffentlichen Sphäre. Dabei werden die enorm wichtigen solidarischen Verbindungen zwischen den Verwandtschaften und ethnischen Mitgliedern gekappt. Oftmals sind auch die Gegebenheiten in Ostafrika für eine erfolgreiche Konzeptimplementierung nicht gegeben. Grösstenteils führt die Förderung jedoch zu einem Problem, indem die Geber die eigene Rolle eines parteiischen Mitspielers, mit eigenen sozialen und historischen Kontexten, nicht berücksichtigen (Howell & Pearce 2002: 234). Eine solche Entwicklungspolitik ist aufgrund externer Akteurinnen und Akteure, die versuchen ein System zu verändern, über welches sie wenig Information und Wissen verfügen, mit enormen Schwierigkeiten und Unsicherheiten behaftet (Devarajan et al. 2013: 40). Deshalb gestaltet die internationale Gebergemeinde ihre Unterstützung nach ihren eigenen Vorstellungen. Aufgrund einer Höherstellung auf politischer und finanzieller Ebene, entsteht nicht ohne Grund der Eindruck einer weiteren Kolonialisierung Ostafrikas. Wegen dieses Verhältnisses zwischen dem Geber und dem Empfänger der Entwicklungsprogramme, welches sehr ungleich und machtgeladen ist, entsteht bei vielen die Annahme, dass die Zivilgesellschaftsförderung einen neokolonialistischen Charakter besitzt. Als Folge davon werden die geförderten zivilgesellschaftlichen Organisationen nicht ausreichend von der eigenen lokalen Bevölkerung unterstützt und die Möglichkeit sich in den ostafrikanischen Kontext einzubetten, gestaltet sich schwerer denn je. Die zivilgesellschaftliche Landschaft Afrikas jedoch, als Marionette der internationalen Entwicklungsagenturen abzustempeln, unterschätzt nach Eberlei (2014: 5) die Selbstorganisation afrikanischer Gesellschaften und überschätzt die Möglichkeit der internationalen Geber. Um gegen all die Problematiken der Zivilgesellschaftsförderung anzugehen, schlagen verschiedene Autorinnen und Autoren deshalb vor, die Programme im Zusammenhang mit der Entwicklungszusammenarbeit transparent zu halten und häufiger die Ursachen, anstelle der Symptome zu bekämpfen. Am wichtigsten ist allerdings der Punkt, der Berücksichtigung der lokal vorherrschenden sozialen, kulturellen und historischen Kontexte.

Trotz all der beschriebenen Schwierigkeiten, existieren gegenwärtig Zivilgesellschaftsorganisationen in Ostafrika als eine Realität, wenn auch in verschiedener Stärke. Aktuell ist ein langfristiger Erfolg des Exports des westlichen Zivilgesellschaftskonzeptes noch offen. Klar ist, dass die soziopolitischen Strukturen Ostafrikas höchst komplex sind und die Gesellschaft durch eine extreme Vielfalt von Organisationsformen auffällt. Meist können diese nicht hinreichend durch das Konzept beschrieben werden, obwohl sie ebenso wie die westliche Zivilgesellschaft als eine Antwort auf die Moderne zu verstehen sind (Neubert 2010: 227). Ausserdem berufen sich nicht wenige afrikanische Zivilgesellschaftsorganisationen auf das Konzept, der Glaube an die potenziellen Funktionen der Zivilgesellschaft ist fassbar. Den Term einer Zivilgesellschaft, aufgrund der Schwierigkeiten einfach zu ersetzen, würde zu weiteren Problemen führen. Das Konzept hilft nämlich die Wichtigkeit eines intellektuellen Raumes, in dem sich alle individuell äussern können, zu veranschaulichen (Child 2009: 242). Die Wirkung des durch die Stärkung der Zivilgesellschaft vergrösserten Raumes ist jedoch umstritten. Ob die Zivilgesellschaft nun einen grösseren Einfluss hat oder eine Verschiebung von Machtpotenzialen zu ihren Gunsten stattgefunden hat, bleibt noch unbeantwortet (Eberlei 2008: 317). Die allfälligen politischen Strukturveränderungen in Ostafrika sind nur in einer langfristiger Perspektive zu erfassen. Für Madjlessi-Roudi (2015: 109) ist klar, dass die durch die Förderung vergrösserten Räume sich nicht ohne weiteres wieder schliessen werden.

5   Schlussfolgerung

Zu Beginn dieser Arbeit wurde die Frage gestellt, welche Problematiken sich bei einer Übertragung des Zivilgesellschaftskonzeptes im Kontext der Entwicklungszusammenarbeit in Ostafrika ergeben. Die Frage geht bereits davon aus, dass die Stärkung einer Zivilgesellschaft im Rahmen der Entwicklungsarbeiten öfters Schwierigkeiten aufwerfen. Als Hauptproblem der Übertragung lässt sich die Art und Weise wie die internationalen Geber die Förderung des Konzeptes umsetzen, nennen. Die Geber gehen nämlich klar ihren eigenen ideologischen, normativen Vorstellungen einer erfolgreichen Entwicklung nach. Damit wird klar impliziert, dass für sie die Zivilgesellschaft ein Mittel zum Zweck ist, um unter anderem demokratische Regierungsformen und weitere *Good Governance* Ambitionen in die Entwicklungsländer, respektive Ostafrika, zu bringen. Dabei vereiteln sie aber die wesentliche Tatsache, dass sich ihre eigenen kulturellen und historischen Hintergründe sehr von denen in Ostafrika unterscheiden. Dadurch haben sie einen sehr limitierten eurozentrischen Blickwinkel, der viele andere potenzielle Faktoren für eine erfolgreiche Entwicklungszusammenarbeit ausschliesst. In der ostafrikanischen Region ist damit konkret gemeint, dass vor allem informelle und auf Ethnien oder Verwandtschaft bezogene Organisationen wie auch Gruppierungen unberücksichtigt bleiben. Somit kommen vor allem urbane Zivilgesellschaftsorganisationen in den Genuss der Entwicklungsförderung und die reichere Mittelschicht bis Elite in Ostafrika wird gestärkt. Damit erreicht die Zivilgesellschaftsförderung gerade das Gegenteil ihrer Vision und vergrössert noch weiter die Schere zwischen Arm und Reich. Weiter ist die Beziehung zwischen den Gebern und den lokalen Empfängern durch die ungleichen Machtverhältnisse oft problematisch. Die afrikanischen zivilgesellschaftlichen Formationen sind meist von den internationalen Spendern nicht nur in finanzieller Hinsicht sehr abhängig. Aus diesem Grund fühlen sich viele ostafrikanische Organisationen dazu gedrängt, die Anforderungen und Erwartungen ihrer Entwicklungsunterstützer zu erfüllen, wobei sie zum Teil auf ihre eigenen Vorstellungen verzichten müssen. Diese Umstände verleiten viele Kritikerinnen und Kritiker dazu, die Förderung der Zivilgesellschaft, als eine neue Form des Imperialismus darzustellen. Schlussendlich lassen sich diese vorherrschenden Umstände, aber sehr schlecht ändern, da der lokale Rückhalt für die zivilen Gruppierungen in der Bevölkerung fehlt. Ausserdem verhindern die örtlichen Umstände, wie starke Repressionsmassnahmen der ostafrikanischen Regierungen gegenüber den Zivilgesellschaftsorganisationen, eine Verbesserung der Problematiken.

Anhand der beschriebenen Probleme, die sich bei der Übertragung des Zivilgesellschaftskonzepts nach Ostafrika ergeben, sind sich viele kritische Stimmen einig, dass eine Zivilgesellschaft in Ostafrika nicht einfach vom Westen aus geplant werden kann (Howell & Pearce 2002: 121). Die Existenz der zivilgesellschaftlichen Formen nach westlichen Mustern, sei nicht im Sinne einer nachholenden Entwicklung, sondern eher ein Produkt des gezielten Eingriffes der internationalen Geber in die Gesellschaft Ostafrikas (Neubert 2010: 227).

Die Zivilgesellschaft mit ihrer ursprünglichen Bestimmung eines intellektuellen und verbindenden Raumes, in welchem jeder in kritischer Offenheit alternative Wege für das politische, ökonomische und soziale Leben, evaluieren kann, wäre an sich eine Verstärkung und Förderung wert. Doch die Geber mit ihren vorgefertigten Plänen und technischen Lösungen für ihre Verstärkungsprogramme bedrohen diese wichtige Eigenschaft der Zivilgesellschaft, sie könnten sie gar zerstören. Mit ihren reduzierten, westlich geprägten Vorstellungen stehen sie geradezu in einem starken Kontrast zu der wichtigsten Funktion der Zivilgesellschaft. Nämlich der Gedankenfreiheit, dass man das gesellschaftliche Leben in Ostafrika auch anders organisieren und gestalten könnte (Howell & Pearce 2002: 237). Zusammenfassend lässt sich sagen, dass aufgrund der Probleme die sich bei der Übertragung des Zivilgesellschaftskonzeptes nach Ostafrika ergeben, auch die Erfolge einer Entwicklungszusammenarbeit erschwert werden.

Meine Meinung zu diesem Thema ist mehrheitlich kritisch gefärbt. Aufgrund meiner Forschungsfrage und dem anschliessenden Fokus der Arbeit wird klar impliziert, dass ich die Problematiken einer Übertragung des westlichen Konzeptes in nicht-westliche Kontexte hervorheben möchte. Auch ich sehe die positiven Auswirkungen, die durch gezielte Zivilgesellschaftsförderung bisher erreicht werden konnten. Als Beispiel die von Eberlei (2008: 309) hervorgehobene wachsende, kommunikative Macht der Zivilgesellschaft. Gleichwohl haben die Probleme, die sich aus der Förderung ergeben, ein viel schwereres Gewicht. Die Zivilgesellschaftsförderung im Kontext der Entwicklungszusammenarbeit wurde vor allem in den neunziger Jahren zu einem grossen Thema gemacht, doch reichen ihre Auswirkungen oder immer noch aktive Entwicklungsagenden bis in die Gegenwart. Nach meiner Lektüre, die Literatur aus den 90ern bis wenige Jahre vor heute abdeckte, breitete sich Ernüchterung aus. Die geschilderten Probleme die sich aus der Übertragung der Zivilgesellschaft westlicher Geber nach Ostafrika ergeben, haben sich bis heute nicht merklich verbessert. Einzig und allein hat die Euphorie einer komplett naiven Förderung abgenommen. Man ist sich nämlich der Dringlichkeit bewusst, die spezifischen kulturellen und historischen Kontexte in Zusammenhang mit Zivilgesellschaftsförderung zu respektieren, um deren entwicklungsspezifischen negativen Folgewirkungen umgehen zu können. Das heutige Bild des Entwicklungsstandes der ostafrikanischen Staaten bestätigt für mich, dass trotz plausibler Lösungsvorschläge, immer noch zu viele Probleme bei der Übertragung der westlichen Konzepte entstehen. Interessant wäre es, der Problematik weiter nachzugehen, um beantworten zu können, weshalb sich die Schwierigkeiten bei der Verstärkung einer Zivilgesellschaft in Ostafrika nicht beheben lassen. Für mich sind nämlich einige Lösungsansätze, wie die Berücksichtigung der jeweiligen kulturellen, politischen und historischen Umstände, keine wirklichen Lösung, sondern viel mehr eine Pflicht die selbstverständlich eingehalten werden soll.

6 Literaturverzeichnis

Adloff, F. (2005): Zivilgesellschaft. Theorie und politische Praxis. Frankfurt am Main: Campus Verlag GmbH.

Allen, C. (1997): Who Needs Civil Society? In: Review of African Political Economy, 24(73), 329–337.

Arenhövel, M. (2000): Zivilgesellschaft Bürgergesellschaft. In: Wochenschau II, (2), 55–64.

Blaney, D. L. & Pasha, M. K. (1993): Civil Society and Democracy in the Third World: Ambiguities and Historical Possibilities. In: Studies in Comparative International Development, 28(1), 3–24.

Bratton, M. (1989): Review : Beyond the State : Civil Society and Associational Life in Africa. In: World Politics, 41(3), 407–430.

Chatterjee, P. (2001): On civil and political society in postcolonial democracies. In: Kaviraj, S. & Khilnani, S. (Hg.): Civil Society: History and Possibilities. Cambridge: Cambridge University Press, 165–178.

Child, K. (2009): Civil society in Uganda: the struggle to save the Mabira Forest Reserve. In: Journal of Eastern African Studies, 3(2), 240–258.

Devarajan, S., Khemani, S. & Walton, M. (2013): Can Civil Society Overcome Government Failure in Africa? In: World Bank Research Observer, 29, 20–47.

Eberlei, W. (2008): Wachsender Einfluss zivilgesellschaftlicher Akteure in afrikanischen Entwicklungsprozessen. In: Afrika Spectrum, 43(3), 309–332.

Eberlei, W. (2014): Wirkungen und Erfolgsbedingungen zivilgesellschaftlicher politischer Arbeit in Subsahara Afrika. In: Eberlei, W. (Hg.): Zivilgesellschaft in Subsahara Afrika. Wiesbaden: Springer VS, 1–33.

Fukuyama, F. (2001): Social capital, civil society and development. In: Third World Quarterly, 22(1), 7–20.

Ginther, K. (1997): Zivilgesellschaft und Entwicklung. In: Verfassung und Recht in Übersee / Law and Politics in Africa, Asia und Latin America, 30(2), 137–165.

Harriss, J. (2007): Antinomies of Empowerment: Observations on Civil Society, Politics and Urban Governance in India. In: Economic and Political Weekly, 42(26), 2716–2724.

Hearn, J. (2001): The "uses and abuses" of civil society in Africa. In: Review of African Political Economy, 28(87), 43–53.

Hirschler, K. & Hofmeier, R. (2014): Zunehmende Bedeutung und Grenzen des zivilgesellschaftlichen politischen Engagements in Tansania. In: Eberlei, W. (Hg.): Zivilgesellschaft in Subsahara Afrika. Wiesbaden: Springer VS, 137–167.

Hofmeier, R. & Mehler, A. (2004): Kleines Afrika-Lexikon: Politik, Wirtschaft, Kultur. München: C.H. Beck.

Howell, J. & Pearce, J. (2002): Civil Society and Development. A critical exploration. Boulder, Colo: Lynne Rienner Publishers.

Kasfir, N. (2008): The conventional notion of civil society: A critique. In: Journal of Commonwealth & Comparative Politics, 36(2), 1–20.

Lewis, D. (2002): Civil Society in African Contexts: Reflections on the Usefulness of a Concept. In: Development and Change, 33(4), 569–586.

Lewis, P. M. (1992): Political Transition and the Dilemma of Civil Society in Africa. In: Journal of International Affairs, 46(1), 31–54.

Madjlessi-Roudi, S. (2015): Politische Wirkungen zivilgesellschaftlicher Arbeit in Subsahara-Afrika. In: Forschungsjournal Soziale Bewegungen, 28(3), 105–109.

Makumbe, J. M. (1998) Is there a civil society in Africa? In: International Affairs, 74(2), 305–317.

Mercer, C. (2002): NGOs , civil society and democratization : a critical review of the literature. In: Progress in Development Studies, 2(1), 5–22.

Mewaldt, A. (2010): Aufbau des Zivilsektors in Transformationsländern: Lokalisierungsprozesse von Nichtregierungsorganisationen: Die Zivilgesellschaft als Beurteilungsmasstab von Transformationsprozessen. In: Gruppendynamik und Organisationsberatung, 41, 235–254.

Mule, H. (2001): Challenges to African Governance and Civil society. In: Public Administration and Development, 21, 71–76.

Neubert, D. (2010): Zivilgesellschaft in Afrika? Formen gesellschaftlicher Selbstorganisation im Spannungsfeld von Globalisierung und lokaler soziopolitischer Ordnung. In: Paul, A. T., Pelfini, A. & Rehbein B. (Hg.): Globalisierung Süd. Leviathan, Sonderheft, 26, Wiesbaden : VS Verlag für Sozialwissenschaften, 210-232.

Okuku, J. A. (2003): Civil society and the democratisation processes in Kenya and Uganda : a comparative analysis of the contribution of the Church and NGOs. In: Politikon: South African Journal of Political Studies, 30(1), 51–63.

Robinson, M. (1995): Strenhening Civil Society In Africa : The Role of Foreign Political Aid. In: ids bulletin, 26(2), 70–80.

Simone, A. M. & Pieterse, E. (1993): Civil societies in an internationalized Africa. In: Social Dynamics, 19(2), 41–69.

Taylor, J. (2016): Crises in civil society organisations: opportunities for transformation. In: Development in Practice, 26(5), 663–669.

White, G. (1994): Civil society, democratization and development (I): Clearing the analytical ground. In: Democratization, 1(2), 375–390.